U0852427

设计原理拆解

| 进阶篇 |

版式设计手册

日本动力设计 著　李子 译

北方联合出版传媒（集团）股份有限公司
辽宁科学技术出版社

INTRODUCTION 导语

每每开启新的设计创作，脑海中就开始思绪翻涌：
“选什么色彩好呢……无论如何，粉色总归没错吧？”
“插入几个喜欢的插画素材试试，看看效果……”
“之前看过那部作品好像还不错，蛮时尚的……”

像这样什么都依赖感觉的设计师，需要引起警惕。
在设计创作中，感觉固然十分重要，而作品的一贯性更是不可或缺的。

这就需要以设计理念为标准，
明确“想向用户传达什么，想让用户感受什么”，
以此判断要运用什么样的色彩、什么样的文字和什么样的布局。

本书通过描摹、临摹设计作品来帮助设计师掌握符合设计理念的表现手法。
书中所有的设计素材都可以下载，省去了收集素材和思考题材的麻烦。
希望本书与《版式设计手册基础篇》一样，能对读者的版式设计能力的提升有所帮助。

HOW TO USE 使用指南

■ 关于本书

本书是版式设计原理与练习实践相结合的进阶内容，整体包含两个部分：纸版手册和可供下载的电子版素材。
下载素材中包括“作品示例”“素材”及“文本”，请根据纸版手册的提示进行设计练习。
具体练习方式如下：

STEP 1 描摹

首先将“作品示例”的图像素材作为底稿；然后在底稿上运用同样的素材、文字进行描摹。通过描摹专业的设计作品，重新体会设计的平衡感和细节调整。

STEP 2 临摹

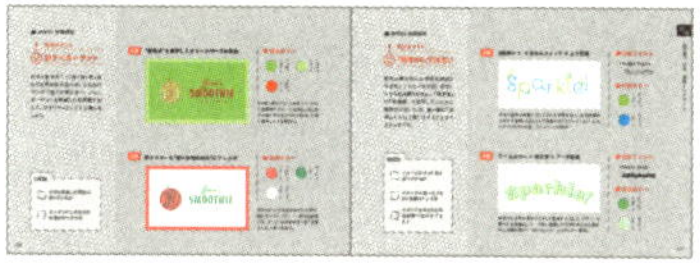

运用图片素材和文字素材进行原创设计。重要的是，在创作开始之前，要认真思考设计的目的、作用和主题等。通过创作练习，形成一定的模式，最终掌握能够运用于实践的设计能力。

STEP 3 创作

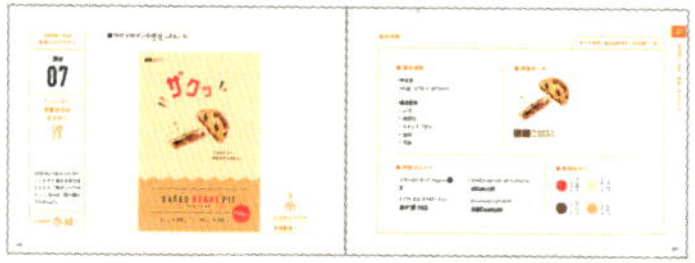

作为课程的总结，让我们尝试挑战临摹。临摹不备底稿，需通过观察和参照“作品示例”，尝试进行同样的创作。通过与“作品示例”的对比，检查自己作品的平衡感及文字的位置、尺寸等是否合适，在此过程中提升设计能力。

HOW TO USE 使用指南

■ 关于下载素材

本书的案例素材可以扫描右侧二维码进行下载。

提取码：rhku

素材可供Adobe Creative Cloud用户和其他用户使用。请酌情下载目标素材。各类素材概要如下。

Adobe CC用户

内有PSD、AI格式的图片素材，txt形式的文本，JPG形式的作品示例。使用以上素材需要Photoshop或Illustrator等软件。

其他用户

内有JPG、PNG形式的图片素材，txt形式的文本，JPG形式的作品示例。可用WORD或POWERPOINT等程序进行读取。非Adobe CC用户可以下载此素材。此外，部分练习题需要使用Adobe Illustrator来完成，不能使用该软件的无法完成，敬请谅解。

文件构成

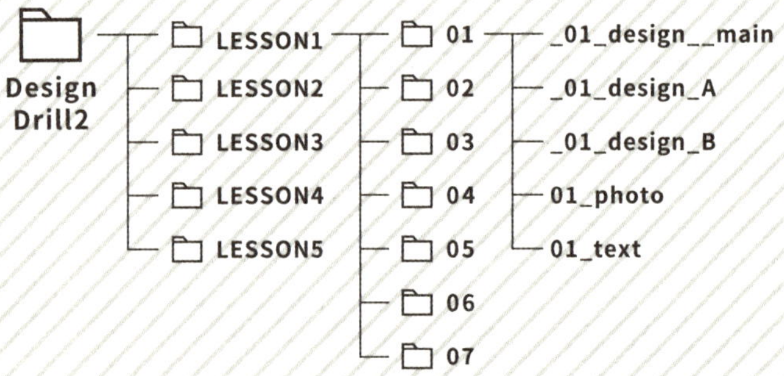

注意事项

- 本书的下载素材容量较大，容易导致下载时间长等问题。不能顺利下载时，请参考以下提示：在网络稳定的环境下重新下载；更换时间、地点重新下载。
- 本书案例使用软件以Adobe CC为主，此外还可灵活使用WORD、POWERPOINT等各种程序进行设计布局练习。书中不包含以上各种软件的使用方法，无法解决关于软件使用的问题。有关软件的使用方法，请参照相关书籍。

关于使用字体

- 作品示例中使用的字体多为Adobe Fonts提供。非Adobe CC用户无法使用Adobe Fonts，请使用其他字体进行练习。

- 在部分作品示例中运用了免费字体（在网络上可以下载）。本书中使用的免费字体旁，均以 F 标记示意。如果不能下载同款字体，请使用其他字体进行练习。

关于下载素材的权利

- 下载素材专为购买本书的读者练习使用，并非免费素材。严禁用于其他目的的使用、复制和发布。

- 任何下载素材，未经SOCYM股份有限公司书面许可，严禁通过电子、机械、临摹、录音等形式或手段复制，严禁保存或传输至搜索系统。

- 因使用下载素材而产生的任何损失，SOCYM股份有限公司及作者不负任何责任，敬请谅解。

HOW TO USE 使用指南

■本书的用法

第1页

包含设计目标、作品示例、预计用时、设计要点等。在正式开始操作之前，首先要充分理解作品示例和设计要点。

第2页

包含练习的方法、素材、字体、色彩等信息。页面右上方的“文件路径”，详细提示了设计素材、文本素材所在的位置。

第3页

每一小节都以文字、色彩、图片等为着眼点，对符合设计理念的表现手法进行解析。

第4页

利用相同的素材设计不同的排版方案，提供设计建议。推荐有进阶需求的读者深入挑战这部分内容。

INDEX 目录

专栏 摆脱新手感设计

第2课 购物

第3课 活动

第3课 活动

第4课 时尚

INDEX 目录

第4课 时尚

第五课 生活

第 1 课

餐饮

练习 01 —→ 07

第1课 餐饮

练习

01

[设计描摹]

餐饮店传单

在餐饮店的广告中，直观地展示食物的图片，是最易懂也最有效的表现手法。

预计用时 45分钟

■描摹以下案例，学习如何让图片看起来更美味。

该例是如何处理图片的？

■ 基本信息

- 尺寸

A5 竖版（148mm×210mm）

- 构图要素

- 标题
- LOGO
- 时间
- 价格
- 图片

■ 使用素材

Portofino
CAFE&RESTAURANT

■ 使用字体

- Brandon Grotesque Bold
- FOT- セザンヌ ProN M
- Adobe Handwriting Ernie

■ 使用色彩

C 0
M 85
Y 100
K 0

C 0
M 0
Y 0
K 0

C 0
M 65
Y 75
K 0

■ 练习01 解析

设计要点

吸睛点

吸睛点指的是设计中最引人注目的要素，发挥着吸引用户对广告产生兴趣的作用。使吸睛点明显区别于其他要素，进一步强化其存在感，设计效果将更上一层楼。

确认点

- ☐ 食品是否吸睛，征求旁观者的意见
- ☐ 对比原图与抠图后的不同效果
- ☐ 如果其他要素色彩斑斓，效果将会如何

将食物图片做抠图处理，成为吸睛点。

细节确认

将文字和其他装饰元素作为吸睛点，主体以外的要素统一做单色处理，会使全彩图片更加醒目。

原图中桌子的木纹和格子桌布比较显眼，为免其喧宾夺主，处理图片时仅保留食物部分即可。

在盘子下面做阴影处理，使食物在平面设计中更有立体感。

TRY! ■尝试其他不同设计载体的排版。

[A]横幅广告 ※尺寸：336px×280px
※色彩模式：RGB

与供用户仔细阅览的传单不同，横幅广告出现在网站首页的显著位置，所以无须专门设置吸睛点，其本身就是吸睛点。“对比强烈的配色+图片的大胆展示”，可以打造印象深刻的横幅广告。

[B] DM广告 ※尺寸：150mm×100mm

与传单的处理方法一样，为图片做阴影处理，使其更具立体感。设计关键在于，将图片与文字、装饰要素等重叠摆放，并使用户觉察到这种重叠，从而产生具有空间感的视错觉。

第1课 餐饮

练习

02

[设计描摹]

三明治店 DM 广告

想要展现食物的美味，需要一些技巧。其中最为重要的一项就是配色。

预计用时 45 分钟

■描摹以下案例，学习如何利用色彩表现美味。

作品中运用了什么色彩表现食物的美味？

文件路径：DesignDrill2 > LESSON1 > 02

■ 基本信息

- 尺寸

明信片 竖版（100mm×150mm）

- 构图要素

- 标题
- 标志
- 日期
- 营业时间
- 电话号码
- 照片

■ 使用素材

Anne's Sandwich

■ 使用字体

- Fave Script Pro
- A-OTF 太ゴ B101 Pr6N Bold
- Alternate Gothic No3 D Regular

■ 使用色彩

C	M	Y	K
0	60	100	0
24	0	75	0
0	0	0	0
0	90	95	0
65	90	90	0

■ 练习02 解析

设计要点

使用红色、绿色、黄色

在餐饮行业中，这三种色彩作为常用配色为人所熟知。从色彩给人的印象出发，同样的原则也适用于平面设计。此外，在设计中采用暖色，也有增进食欲的作用。

确认点

- ☐ 确认三种色彩是否得以均衡运用
- ☐ 尝试统一运用冷色调，确认效果
- ☐ 尝试更换图片，重新选择色彩

图片中黄色较多时，尝试加入红色与绿色

细节确认

将美食图片做放大处理，可以刺激用户的食欲。

为使整体设计更贴近暖色调，额外加入橙色。

大量使用绿色，强化“新鲜”“美味”“对健康有益”等印象。

TRY! ■尝试其他不同设计载体的排版。

[A]横幅广告 ※尺寸：336px×280px
※色彩模式：RGB

想要创作比印刷广告更具美味诱惑力的横幅广告，需要尽可能地放大食物图片。无须格外强调三种配色。

[B]店铺卡片 ※尺寸：55mm×91mm

当载体体量较小时，无须把三种配色都应用其中，任选其中一种色彩作为强调色即可。

第1课 餐饮

练习

03

[设计描摹]

食谱图书封面

运用一些可爱、形象的拟声拟态词来形容食物的外观、口感和口味，使设计更具感染力。

预计用时 35分钟

■描摹以下案例，学习如何利用文字表达美味。

?

该例是如何呈现拟声拟态词的？

描摹前准备

文件路径：DesignDrill2 > LESSON1 > 03

■ 基本信息

- 尺寸

A5 竖版（148mm×210mm）

- 构图要素

- 标题
- 副标题
- 作者
- LOGO
- 插画

■ 使用素材

■ 使用字体

- ちはやクレヨン RE-free- Regular Ⓕ
- りょうゴシック PlusN R
- 筑紫 B 丸ゴシック Bold

■ 使用色彩

C 75
M 95
Y 90
K 0

C 0
M 0
Y 0
K 0

■ 练习03 解析

! 设计要点

字体及摆放

每种字体都有自己独特的气质。字体的粗细、方圆，都应与目标对象的气质相匹配。文字要素的摆放也很有讲究。试着让文字要素“发声”，再根据其读音和节奏来调整摆放的角度，会大大提升信息传达的效果。

确认点

- ☐ 确认设计效果是否与想要表现的印象相符
- ☐ 使用不符合设计印象的字体，观察效果
- ☐ 使用其他文字，重新选择字体

拟声拟态词的表现：
温馨的手写体 + 左右错落的摆放

细节确认

使用柔和的、与主字体气质相符的手绘插画，统一了整个画面的设计氛围。

以暖色调统一整体，使作品一眼看去就是温馨、和谐的。

插入不至于喧宾夺主的小插画，突出强调拟声拟态词。

TRY! ■尝试其他不同设计载体的排版。

■ 追加色彩

C 0
M 20
Y 42
K 0

C 0
M 63
Y 75
K 0

[A]横幅广告 ※尺寸：336px×280px
※色彩模式：RGB

首先要做的是：清楚地表明“这是什么书”。此时图书封面的重要性降低，低调处理即可，需要重点体现的是书名。在该例中，设计师将书名放大，在图书封面的左侧重新排版。

[B]店铺POP广告 ※尺寸：148mm×105mm

POP广告直接关系到图书的销售情况，是书店与读者沟通、交流的重要渠道。比起书名，突出体现图书的广告词，更能够激发读者的兴趣。广告风格沿用图书封面的设计风格即可。

第1课 餐饮

练习

04

[设计描摹]

甜品店传单

练习03聚焦于文字的表现方法。本节练习从整体布局的角度出发，学习如何表现美味。

预计用时 45分钟

■描摹以下案例，学习什么样的布局能够体现美味。

通过怎样的布局传达了什么？

文件路径：DesignDrill2 > LESSON1 > 04

■ 基本信息

- 尺寸

A5 竖版（148mm×210mm）

- 构成要素

・商品名
・文字
・LOGO
・图片

■ 使用素材

Patisserie mom

■ 使用字体

・Gautreaux Bold

・貂明朝テキスト Regular

■ 使用色彩

C 72
M 90
Y 100
K 0

C 0
M 0
Y 0
K 0

C 0
M 75
Y 100
K 0

■ 练习04 解析

设计要点

装饰元素的统一

为了呈现即将融化的巧克力，设计师采用了大量曲线进行修饰。同样，为了呈现蓬松柔软的面包，可采用圆润的元素进行修饰；为了呈现咬起来“咔嚓咔嚓”脆的蔬菜，可采用斜线进行修饰。像这样，充分利用装饰元素自身的印象来呈现食物的“美味”吧。

确认点

- □ 确认作品是否呈现了想要表达的印象
- □ 尝试用直线来修饰，确认效果
- □ 改变标题，思考与其匹配的装饰元素

为呈现入口即溶的巧克力，运用了曲线

细节确认

不仅要在文字要素的摆放上下功夫，还要选择符合主题印象的字体。

这张图片美味的关键在于：曲线再现了巧克力即将滴落的状态。

主要通过运用棕色和橙色，来表现巧克力浓厚的特质。

TRY! ■尝试其他不同设计载体的排版。

[A]横幅广告 ※尺寸：336px×280px
※色彩模式：RGB

使用即将融化的巧克力形来修饰图片，营造剪影效果，使用户产生“这是什么？有点好奇！”的想法，是一种可以刺激消费者好奇心的布局。

[B]店铺POP广告 ※尺寸：105mm×148mm

店铺POP广告有可能被陈列于商品或收银台附近，因此能够清晰地传达商品信息非常重要。在基本的布局中加入曲线来修饰，是设计的重点。

第1课 餐饮

练习

05

[创作练习]

沙冰专营店卡片

尝试多种配色，找到符合商品印象的美味色彩吧。

预计用时 20分钟

■ [需要使用Illustrator] 参考（A）、（B）的资料，为店铺卡片配色。

※色彩最多可以使用三种　※不可以追加要素

文件路径：DesignDrill2 > LESSON1 > 05

Hint!

确定想要吸引的目标人群！

（A）商品印象

（B）目标客户

- 女大学生、年轻的职场女性
- 重视健康的人群
- 重视美容的人群

参考答案在 P.030 ▶

第1课 餐饮
美味的设计

练习
06

[创作练习]
气泡饮料 LOGO

试着从配色、字体选择、文字的摆放三个角度来思考设计吧。

预计用时 30分钟

■ [推荐使用Illustrator] 参考（A）、（B）的资料，为新商品设计LOGO吧。

※字体最多可以使用一种，色彩最多可以使用两种　※可以追加使用插画点缀

[商品名]　**Sparkle!**

Hint!
试着表现碳酸气泡“嘶嘶”升腾的样子

文件路径：DesignDrill2 > LESSON1 > 06

（A）商品印象

（B）商品说明

- 柠檬口味
- 清爽的微碳酸饮料
- 夏季新品

参考答案在 P.031 ▶

■ 练习05 参考答案

创作要点

配色原则×目标客户

设计配色时要用到三种基本色“红、绿、黄”。设计师需要思考的是，如何均衡、巧妙地组合它们。在此基础上，从目标客户的特点出发进行色彩调整，设计品质会得到大幅提升。

确认点

- ☐ 确认是否有意识地使用了配色原则
- ☐ 确认选用色彩是否与目标客户贴合

A案 强调健康感的绿色调配色

■ 使用色彩

C 35 M 0 Y 68 K 0

C 17 M 0 Y 45 K 0

C 0 M 85 Y 85 K 0

在此例运用的三种色彩中，两种都是绿色系，呈现了健康的印象。再加入朱红色作为强调色，一举打造美味的配色！

B案 配色时需考虑年轻女性的喜好

■ 使用色彩

C 0 M 70 Y 24 K 0

C 59 M 0 Y 45 K 0

C 0 M 0 Y 0 K 0

将基本色红色调整为粉色，基本色绿色调整为翡翠绿色。这样一来，既满足了目标客户可能会喜欢的“可爱风”，也满足了“配色原则”。

■ 练习06 参考答案

! 创作要点

冷色调并非禁用色

一般情况下，冷色调被视为降低食欲的色彩，但这并不是绝对的。设计师想要表现清凉感、爽快感时，可以运用冷色调来呈现炎炎夏日中的清爽、可口。

确认点

- ☐ 确认是否选用了符合商品印象的配色
- ☐ 确认是否选用了符合商品印象的字体
- ☐ 确认作品的布局是否体现了商品印象

A案 双色搭配×卷曲字体×错落摆放

斟酌文字的配色与摆放，为设计作品注入韵律感。用圆圈修饰卷曲字体，表现气泡升腾的样子。

■ 使用字体

· Guapa Regular

■ 使用色彩

C 35 M 0 Y 90 K 0

C 80 M 0 Y 0 K 0

B案 酸橙色×空心字体×弧线造型

浅色的空心文字按照弧线错落摆放，使设计显得清爽、透气。LOGO从中心向外释放虚线，生动地表现了气泡升腾的样子。

■ 使用字体

· Blenny Black

■ 使用色彩

C 48 M 0 Y 61 K 0

C 14 M 0 Y 20 K 0

第1课 餐饮

练习

07

[设计临摹]

烘焙店海报

本节练习是第1课的总结。一边回顾本课学习的要点，一边尝试创作美味的设计吧。

预计用时 **60** 分钟

■临摹以下设计作品。

设计布局的要点体现在哪里？

临摹前准备

文件路径：DesignDrill2 > LESSON1 > 07

■ 基本信息

- 尺寸

A4 竖版（210mm×297mm）

- 构成要素

- LOGO
- 商品名
- 广告词
- 价格
- 图片

■ 使用素材

BAKES HAPPY

■ 使用字体

- ヨコスカブロック Regular (F)
- DIN Condensed (OTF) Regular
- A-OTF 見出ゴ MB31 Pr6N
- Novecento slab Bold

■ 使用色彩

C	M	Y	K
0	92	48	0
0	8	18	0
47	77	92	0
0	27	49	0

■ 练习07 解析

第1课 餐饮

复习与总结

这一设计布局试图通过强调商品脆的特点来刺激用户的食欲。下面从几个方面确认设计的过程。

确认点

- □ 确认设计布局是否抓住了要点
- □ 思考如何为松软的糕点布局
- □ 如有不擅长的部分，建议多加复习

吸睛点 脆+图片

浆果+面包的色彩 **配色**

在吸睛点周围做充分的留白处理，吸引用户的视线。

以偏粉色的红色作为强调色，使人联想起浆果。

整体设计以橙色系为主色调，使人联想起烤熟的美味面包。

文字 用方方正正的字体来体现脆

多用“Z字形”纹样 **构成**

以字体的形状来表现食物的口感，酌情调整文字尺寸，可以大幅提升设计的表现力。

其他字体选用常规、简单的字体，使设计整体更加均衡。

在规整的布局中加入倾斜摆放的文字，使设计整体更具动感。

波浪线与背景都采用“Z”字形纹样。

设计建议 +1

［拟声词的适用字体］

下面介绍几款未在前文提及的，适用于拟声词的字体。

Adobe Fonts

- Ro サン Std M
- TA-F1 ブロックライン Regular
- どんぐり かな R

免费字体 F

- ふんわりラウンド Bold
- 851 チカラヨワク Regular

专栏 No.1

摆脱新手感的设计

居中

对齐是设计布局的基础。要素摆放得杂乱无章，会导致信息读取困难，画面缺乏稳定感。把新手设计师的得意之作与达人设计师的作品进行比对，可能仍会发现很多不足之处！

修改前

修改后

新手
易踩雷点

- 上下左右边距不一，设计缺乏稳定感。
- 靠左、靠右、居中，对齐标准不统一。
- 列表项的排头未对齐，信息读取困难。

达人
设计要点

- 统一边距，使设计具有稳定性。
- 分别使用靠左、靠右对齐规则，打造规整印象。
- 以列表项的“:”为标准对齐，使信息清晰、易读。

第 2 课

购物

练习 08 → 13

第2课 购物

练习

08

[设计描摹]

促销活动海报

如果有人问“什么色彩最适用于打折、促销活动?”那么大部分人都会不约而同地给出同一个答案。这是为什么呢?

预计用时 35分钟

■描摹以下设计作品，学习如何搭配出诱人的配色。

?

该例以什么理由使用了什么色彩?

描摹前准备

文件路径：DesignDrill2 > LESSON2 > 08

■ 基本信息

- 尺寸

A4 竖版（210mm×297mm）

- 构成要素

- 标题
- 日期
- 文字
- LOGO
- 图片

■ 使用素材

RISE MALL

■ 使用字体

- CCMonsterMash Regular
- VDL V7ゴシック B
- Marvin Regular

■ 使用色彩

C	0	C	0
M	90	M	0
Y	78	Y	0
K	0	K	0
C	0	C	0
M	0	M	0
Y	90	Y	0
K	0	K	100

描摹要点

刺激购物欲的红色

色彩会给人带来各种各样的心理影响。红色比其他任何色彩都更具刺激、激发活力的特点。红色应用于广告、价格标签的设计，可以刺激消费者的购物欲。红色与引人注目的黄色搭配使用，也是值得推荐的表现方式。

确认点

- ☐ 确认红色是不是设计的主色
- ☐ 确认黄色是否醒目、引人注意
- ☐ 观察身边的促销广告的配色情况

以提升购物欲的红色作为主色
以吸引注意力的黄色作为强调色

细节确认

用白色来表现主要的文字要素，与背景的红色产生鲜明对比，使用户即便在远处也能轻松读取信息。

用黄色来修饰想要着重强调的要素。以白色为背景无法达到引人注目的效果，而明亮的黄色则十分适合。

TRY! ■尝试其他不同设计载体的排版。

[A]横幅广告 ※尺寸：336px×280px
※色彩模式：RGB

将字号尽可能地放大，装饰元素也同样放大处理，呈现溢出画面的夸张效果。通过提升画面密度来营造紧迫感，目的是让消费者产生“就是现在，马上下单！”的心理。

[B]抽奖券 ※尺寸：85mm×55mm

购物时发放的抽奖券，往往难逃和小票一起被丢弃或被无视、搁置的命运。以黄色作为主色，提升抽奖券的关注度。用夸张的手法来表现“CHANCE!”，营造呼之欲出的视觉效果，表现力大增。

练习
09

[设计描摹]
香水海报

本节介绍的是，色彩、口味不一的多规格商品的布局方法。

预计用时 45 分钟

■描摹以下设计作品，学习诱人的布局。

？该例是如何展示多规格商品的？

■ 基本信息

- 尺寸

A4 横（297mm×210mm）

- 构成要素

・商品 LOGO
・品牌 LOGO
・广告词
・图片

■ 使用素材

Pure Fruit
Eau de Toilette

Fragrance
time

■ 使用字体

・DNP 秀英角ゴシック金 Std M

■ 使用色彩

C 0 M 18 Y 6 K 0	C 0 M 0 Y 20 K 0	C 8 M 15 Y 0 K 0	C 0 M 80 Y 31 K 0
C 0 M 34 Y 10 K 0	C 0 M 2 Y 36 K 0	C 13 M 26 Y 0 K 0	

■ 练习09 解析

描摹要点

引导消费者做选择

面对多种多样的选择时，人们往往会无意识地开始思考“我要选哪一个”。这种无意识的选择，会进一步连接到购物的第一步。使用分割式布局，在各个板块重复同样的设计规则，引导消费者做出心仪之选。

确认点

- ☐ 确认是否呈现了三种规格的商品信息
- ☐ 确认各板块是否使用了重复的规则
- ☐ 思考展示四种规格商品的设计布局

通过重复同样的设计规则，展示商品的多样性。

草莓　柑橘　樱桃

细节确认

画面上方摆放香水瓶、圆形装饰、与水果同色系的背景色；下方摆放水果图片。确定了以上规则后，在各个分割区域内重复这一规则。

通过画面上方零散分布的圆形要素，来表现香水弥漫的香气。

TRY! ■尝试其他不同设计载体的排版。

[A]横幅广告 ※尺寸：336px×280px
※色彩模式：RGB

[B]杂志广告 ※尺寸：210mm×297mm

由于载体体量小，同时摆放三种香水瓶，会显得瓶体太小，所以只摆放一种即可。背景依然做竖向三等分，使消费者意识到该商品有多种多样的选择。

在竖向的载体中，做横向三等分。横向三等分不同于竖向三等分，没有“向上无限延展、弥漫”的感觉，所以用斜线来做分割线，为设计注入动感。

第2课 购物

练习
10

[创作练习]

图书腰封

腰封的作用是宣传图书的特征与卖点。腰封的设计，需要在有限的空间里展示大量的信息。

预计用时 40分钟

■描摹以下设计作品，学习吸睛的文字排版。

?

该例是如何展示大量信息的？

■ 基本信息

- 尺寸

腰封部分（148×76mm）

- 构成要素

・广告词
・发行数量
・文字
・LOGO

■ 使用素材

暮らしの友社

■ 使用字体

・A-OTF 見出ゴ MB31 Pr6N MB31
・Brim Narrow Combined 1
・FOT- 筑紫 A 丸ゴシック Std B

■ 使用色彩

C	69	C	0
M	0	M	0
Y	28	Y	0
K	0	K	0

C	0	C	0
M	0	M	0
Y	100	Y	0
K	0	K	100

■ 练习10 解析

! 设计要点

信息的强弱

信息量较大时，信息的强弱非常重要。需要在文字的大小、色彩、字体上下功夫，来强化重要的信息。此外，还可以通过各种各样细微的修饰及点缀，呈现信息的强弱和节奏，以更清楚地传递信息。如：加入下划线、标注圈点、运用空心字体等。

确认点

- ☐ 确认是否能感知到文字信息的强弱差异
- ☐ 确认句子的要点是否清晰、易读
- ☐ 更换文字信息，重新进行布局

将最想要突出强调的广告词
做放大处理 + 选用易于读取的色彩与字体

细节确认

倾斜摆放“懒人适用”字样，使其更加醒目。

将引人注意的数字信息作标识化处理，作为吸睛点发挥作用。

处理较长的文字信息时，可以通过标注圈点、加入下划线等方式强调要点，同时也使设计在视觉上更具有节奏感。

TRY! ■尝试其他不同设计载体的排版。

[A]横幅广告 ※尺寸：336px×280px
※色彩模式：RGB

首先通过色彩、放大字号让广告词变得醒目，成功吸引用户的注意。其次再传递“这是一本书”的信号。按照以上顺序去做设计，才能吸引更多的人关注，而不仅限于“只想买书的人”。

[B] 店铺POP广告 ※尺寸：148mm×105mm

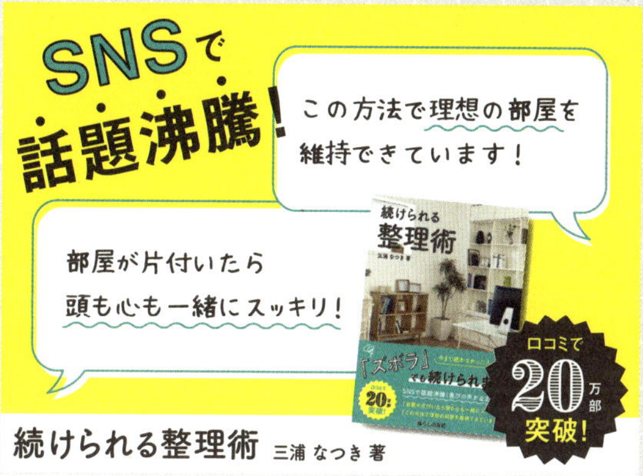

这则POP广告以读者口吻发出的评价为主，是站在读者立场上的，因此更为打动人心，可以引导读者产生一探究竟的想法。运用对话框和手写字体，更添一份亲切感。

第2课 购物

练习

11

[创作练习]

电商网站 POP 广告

尝试多种配色，寻找最佳搭配，创作有吸引力的设计吧。

预计用时 20分钟

■ [需要使用Illustrator] 为横幅广告配色。

※色彩模式：RGB ※最多可以使用三种色彩 ※不可以追加要素

Hint!

思考哪个文字要素是最需要突出强调的！

文件路径：DesignDrill2 > LESSON2 > 11

参考答案在 P.052 ▶

练习

12

[创作练习]

限定商品的店面
POP 广告

试着通过字体、配色、表现手法的巧妙组合，在设计中展示有吸引力的文字吧。

预计用时 30分钟

■ [推荐使用Illustrator] 组合以下三个要素，创作店铺POP广告。

※字体最多可以选用两种，色彩最多可以使用三种　※可以追加使用插画和装饰元素

[要素1]　背景设计

[要素2]　文字信息

期間限定

[要素3]　文字信息

春のさくらドーナツ

Hint!

思考应该把哪些文字做强化处理，哪些文字做弱化处理！

文件路径：DesignDrill2 > LESSON2 > 12

参考答案在 P.053 ▶

■ 练习11 参考答案

创作要点

表现力

明明选用了有吸引力的色彩，但设计整体的表现力依然欠佳，不能引人注意。所以，设计首先要做到“让人看见”，然后才能做到“诱人购买”。

确认点

- ☐ 确认作品是否运用了富有表现力的配色
- ☐ 确认“70%”字样是否呈现了醒目的配色

A案 用炫目的黄色来吸引视线

■ 使用色彩

R 255 G 250 B 61 #FFFA3D

R 198 G 40 B 25 #C62819

R 0 G 0 B 0 #000000

作品通过大量使用 RGB 特有的荧光黄色来提升存在感和表现力，使用红色来突出呈现最为关键的“70%”字样，刺激消费者的购买欲。

B案 用深色背景强化色彩的对比

■ 使用色彩

R 38 G 50 B 112 #263270

R 208 G 64 B 73 #D04049

R 255 G 255 B 255 #FFFFFF

“深色背景＋白色字体”是对比效果最为强烈的配色，有助于提升醒目度。作品运用了低饱和度的藏蓝色和高饱和度的红色，也是一对醒目的色彩组合。

■ 练习12 参考答案

! 创作要点

张弛有度与和谐统一

在设计中，可以通过色彩与装饰元素来体现文字信息的强弱，使设计具有节奏感，这非常关键；同样，设计整体的和谐统一也十分重要。如果只关注如何展示重点要素而忽略其他要素，容易产生过犹不及的效果，需要注意。

确认点

- ☐ 文字表现方式是否具有节奏感
- ☐ 想要强调的文字要素是否醒目
- ☐ 设计是否实现了和谐统一

A案 亲和的休闲风设计

■ 使用字体

・バナナスリップ M Ⓕ

・凸版文久ゴシック Pr6N DB

■ 使用色彩

C 0	M 0	Y 0	K 90
C 0	M 52	Y 16	K 0
C 65	M 18	Y 0	K 0

以可爱、个性的字体为主。使用亲切的漫画符号修饰“期间限定”字样，增强时尚感。

B案 雍容雅致的和风设计

■ 使用字体

・DNP 秀英丸ゴシック Std B

・貂明朝テキスト Regular

■ 使用色彩

C 17	M 89	Y 27	K 0
C 0	M 33	Y 7	K 0
C 40	M 10	Y 75	K 0

以明朝体与粉色 × 黄绿色的色彩组合来营造和风印象。将想要强调的文字做标志化处理，使信息更加清晰、易懂。

第2课 购物

练习

13

[设计临摹]

精品店 DM 广告

本节是第2课的总结章节。一边回顾本课的要点，一边试着临摹作品吧。

预计用时 60 分钟

■描摹以下设计作品，学习如何利用文字营造有趣的氛围。

布局的要点在哪里？

临摹前准备

文件路径：DesignDrill2 > LESSON2 > 13

■ 基本信息

- 尺寸

明信片 横版（150mm×100mm）

- 构成要素

- 标题
- LOGO
- 文字
- 图片

■ 使用素材

Rily's SELECT

■ 使用字体

- Xants Regular
- FOT- 筑紫 B 丸ゴシック Std B

■ 使用色彩

C	M	Y	K
0	83	37	0
0	28	11	0
0	28	46	0
20	0	40	0
0	0	100	0
0	0	0	100
0	0	0	25
32	15	0	0
17	32	0	0

■ 练习13 解析

第2课 购物

复习与总结

在同一设计中展示不同色彩、不同风格的多个商品图片，乍一看是难以完成的任务。但是，通过在各个板块重复同样的设计规则，就可以引导消费者做出心仪之选。

确认点

- ☐ 确认作品构图是否抓住了要点
- ☐ 尝试在其他设计载体上布局
- ☐ 如有不擅长的部分，建议多加复习

配色 使用黄色来突出强调重点要素。

通过使用黄色来强调重点要素。即便字号不大，依然十分醒目。

通过装饰元素来突显关键的文字信息，体现信息的强弱。

文字 通过空心字体、下划线强调要素的强弱。

构成 设定规则，整理信息。

作为包包背景的圆形的色彩要与包包的色彩相统一，这样一来，即便色彩较多，也不会显得杂乱。

在规整的设计中加入圆形的点缀，使作品显得更加时尚、亲和。

只有黄色部分与其他圆形点缀的形状不同。这是通过打破规则，引人注意的技巧。

设计建议 +1

[实用！文字的装饰元素]

想要让文字更加醒目，想要营造文字的层次感时，都可以参考以下装饰元素。

专栏 No.2

摆脱新手感的设计

层次感

如果缺乏层次感，难以突出关键信息，就会显得很业余。要把商家的想法传达给用户，需要超乎想象的夸张手法来实现。那些需要特意提及才能意识到的设计，是不会引起任何人的注意的。

修改前

修改后

新手
易踩雷点

- 文字大小相差无几，未能体现要素的主次。
- “10%”的红色与背景色对比不够强烈。
- 设计呈静态布局，缺乏表现力。

达人
设计要点

- 明确、清楚地强调关键信息。
- 运用对比强烈的配色，制造视觉冲击力。
- 用字体及组合方式，营造动感，提升存在感。

第 3 课

活动

练习 14 —— 18

第3课 活动

练习

14

[设计描摹]

工作室传单

文字与图片、插画等不同，很难在视觉上显得欢乐有趣。想要使以文字要素为主体的设计能够看起来赏心悦目，十分需要技巧。

预计用时 45分钟

■描摹以下设计作品，学习如何利用文字营造有趣的氛围。

什么样的文字看起来是有趣的？

■ 基本信息

- 尺寸
A5 竖版（148mm×210mm）

- 构成要素
  - 标题
  - 广告词
  - 时间
  - 地点
  - 文字
  - 插画

■ 使用素材

■ 使用字体

- A-OTF 見出ゴ MB31 Pr6N MB31
- PeachyKeenJF Regular
- WTR Gothic Open Shaded Regular
- Vibro Regular

■ 使用色彩

	C	M	Y	K
红	0	85	15	0
蓝	85	30	0	0
紫	45	65	0	0
黄	0	25	100	0
绿	85	0	40	0
黑	0	0	0	100

■ 练习14 解析

设计要点

字体的混搭

将形状各异的字体进行随机摆放，让文字发挥类似于插画的作用。调整字体的色彩、尺寸、倾斜角度，使其富有动感，营造更为欢乐的氛围。

使用三种艺术字体的组合来呈现欢乐氛围

细节确认

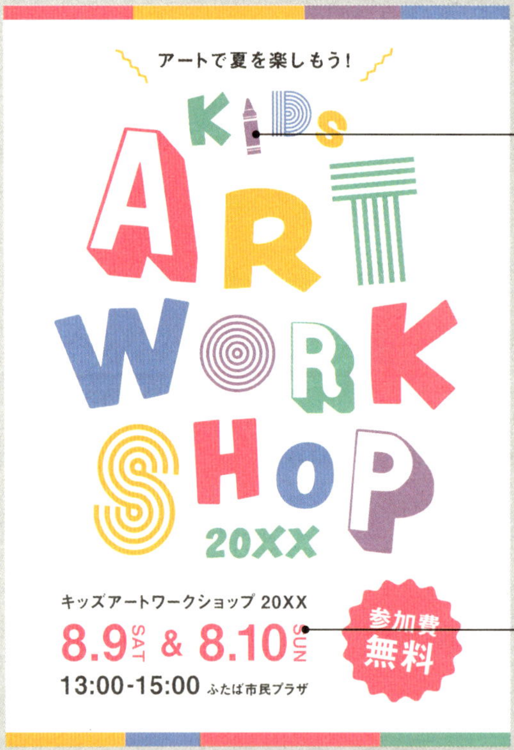

选用形似文字的插画来替代文字，也是一种好方法。

用简单、清晰的字体，规整地排列想让用户仔细阅读的文字。在其衬托之下，标题LOGO显得更为华丽、显眼。

确认点

- ☐ 确认文字本身是否呈现了欢乐的印象
- ☐ 确认不使用动感效果时作品呈现的状态
- ☐ 尝试使用其他字体组合来呈现欢乐氛围

TRY! ■尝试其他不同设计载体的排版。

[A]横幅广告 ※尺寸：336px×280px
※色彩模式：RGB

标题LOGO的设计无须考虑“可读性”，作为装饰元素处理即可。重要的是，在右侧加入了清晰易读的文字表述，使其成为准确传达信息的横幅广告。

[B] DM广告 ※尺寸：150mm×100mm

作品中加入了与工作室内容相关的自由书写空间。欢乐系的标题LOGO，虽然尺寸不大，但十分出彩，很有存在感。

第3课 活动

练习

15

[设计描摹]

打折活动 DM 广告

通过五彩缤纷的配色来呈现欢快、热闹的氛围相对简单一些。本节介绍的是如何通过少量的色彩来营造欢乐的氛围。

预计用时 45分钟

■描摹以下设计作品，学习令人愉悦的配色。

?

如何搭配色彩使设计看起来更加欢乐？

■ 基本信息

- 尺寸
  明信片 竖版（100mm×150mm）

- 构成要素
  - 标题
  - LOGO
  - 日期
  - 文字
  - 插画

■ 使用素材

■ 使用字体

- コーポレート・LOGO（ラウンド） Ⓕ・A-OTF 見出ゴ MB31 Pr6N MB31

- BC Alphapipe Bold

■ 使用色彩

C 0
M 95
Y 30
K 0

C 90
M 80
Y 10
K 0

C 0
M 0
Y 0
K 0

■ 练习15 解析

设计要点

三色配色

一般把这种色彩明快、对比强烈、由三种色彩组合而成的配色叫作三色配色。虽然只有三种色彩,但是有意识地去营造富有层次感的色彩搭配就可以创作出令人心动的欢乐设计。

确认点

- ☐ 确认配色是否具有层次感
- ☐ 思考其他的三色配色
- ☐ 寻找身边的三色配色

粉色 × 白色 × 藏蓝色
组成的三色配色

细节确认

想要打造华丽、出众的标题LOGO,就要下意识地均衡搭配三种色彩。

相邻两色均为深色系时,对比效果不佳。因此,想让用户仔细阅读信息,可以使用白色背景来增强对比效果。而装饰元素则无须强烈的对比效果。

TRY! ■尝试其他不同设计载体的排版。

[A]横幅广告 ※尺寸：336px×280px
※色彩模式：RGB

从说明文字中摘取最能传达主题的一句，采用“粉色背景+白色镂空文字”的形式呈现，使其文字信息清晰、易读，视觉效果不输华丽、存在感强的标题LOGO。

[B]海报 ※尺寸：297mm×210mm

与便于传阅的传单不同，海报是在人来人往的街头远远就可以望见的广告。将文字说明做放大处理，吸引用户的兴趣。针对特别重要的内容，通过改变文字的色彩，使其更易于传达。

第3课 活动

练习

16

[设计描摹]

旅行社海报

使用大量照片进行的设计，光是看着就会让人激动不已。不过，数量一多，排版的难易程度也会上升。让我们通过对图片布局来学习增强趣味性的排版方法吧。

预计用时 60 分钟

■描摹以下设计作品，来学习如何利用图片设计有趣的版式。

? 该例是如何呈现大量图片的？

■ 基本信息

- 尺寸

A4 横（297mm×210mm）

- 构成要素

・标题
・LOGO
・广告词
・图片

■ 使用素材

■ 使用字体

・FOT- 筑紫 B 丸ゴシック Std B
・りょうゴシック PlusN M
・Brushland Regular
・りょうゴシック PlusN B

■ 使用色彩

C 0	C 15	C 28	C 0	C 5
M 0	M 22	M 14	M 0	M 0
Y 0	Y 0	Y 0	Y 0	Y 25
K 0	K 0	K 0	K 100	K 0

■ 练习16 解析

描摹要点

错落有致的瓷砖式布局

瓷砖式布局适用于图片较多的情况。像粘贴瓷砖一样摆放图片，可以清楚地传达信息。同时，尽量避免将色调、构图相近的图片摆放在相邻位置。这样的设计既清晰规整，又错落有致，趣味横生。

布局时重点关注色彩切换
轻松纳入 9 张图片

确认点

- ☐ 确认相邻图片是否有色调、构图上的差异
- ☐ 尝试忽略层次感，确认设计效果
- ☐ 尝试更换图片，重新调整画面的平衡感

细节确认

为标题留出空间，作为独立板块进行摆放，避免被大量图片淹没。

关注图片的空白部分或内容较少的部分，作为留白有效利用。

TRY! ■尝试其他不同设计载体的排版。

[A]横幅广告 ※尺寸：336px×280px
※色彩模式：RGB

减少有限空间内的图片数量是明智之举。只要选择色彩与构图差异较大的图片，即便图片数量减少，也不会影响版式的趣味性。

[B]手册 ※尺寸：210mm×297mm

比起营造出有趣的氛围，倘若更想重视功能性的话，例如文字的易读性、信息的易传达性，可以不采用倾斜式的排版，视觉上就会变得更易于观看。

第3课 活动

练习

17

[设计描摹]

规划展传单

■描摹以下设计作品，学习有趣的构图。

随机的布局虽然容易给人充满趣味性的印象，但也容易造成信息读取困难。想要兼顾趣味性和易读性，应该怎么做呢？

预计用时 50分钟

?

虽然布局很随意，

但信息依然清晰，

原因是什么？

■ 基本信息

- 尺寸

A5 竖版（148mm×210mm）

- 构成要素

- 标题
- 日期
- 图片
- 广告词
- 文字
- LOGO
- 详细信息

■ 使用素材

W 西洋芸術館

■ 使用字体

- VDL V7ゴシック M
- 貂明朝テキスト Regular
- FOT- セザンヌ ProN M
- Fairwater Sailor Serif Regular

■ 使用色彩

C 10
M 70
Y 100
K 0

C 30
M 45
Y 85
K 0

C 85
M 45
Y 50
K 0

■ 练习17 解析

设计要点

对齐与分组

越是随意摆放的布局，越需要强调布局的基本原则——对齐。在此基础上，只要强化各个要素的分组，即便摆放的位置和朝向都很随意，设计效果也会是清晰、易读的。

确认点

- [ ] 设计中哪里体现了对齐原则
- [ ] 确认各个要素是否实现了分组
- [ ] 使用其他图片和文字要素创造随意的布局

通过强化统合与分组
使随意的布局更清晰

细节确认

适当留白也是信息易于读取的秘诀。

通过色彩、字体、装饰元素等，强化要素间的差异。

上下左右的页边距设定为统一标准，使设计更显和谐、紧凑。

TRY! ■尝试其他不同设计载体的排版。

[A]横幅广告 ※尺寸：336px×280px
※色彩模式：RGB

在有限的空间内呈现随意的设计，容易使画面显得混乱。想要使信息更易于读取，可以尝试改变长句中局部文字的方向，使设计显得更加欢快。

[B]门票 ※尺寸：70mm×148mm

打造随意的设计，不必局限于文字要素。将图片、插画像拼贴画那样进行加工处理也是一种方式。同时，工整、有序地排列文字要素，使设计富有层次感。

第3课 活动

练习

18

[设计临摹]

观光指南传单

本节是第3课的总结章节。一边回顾要点，一边来呈现有趣的设计吧。

预计用时 60分钟

■临摹以下设计作品。

?

哪里体现了布局要点？

临摹前准备

文件路径：DesignDrill2 > LESSON3 > 18

■ 基本信息

- 尺寸

A4 竖版（210mm×297mm）

- 构成要素

- 标题
- 号数
- 特辑索引
- 文字
- 图片

■ 使用素材

■ 使用字体

- Transat Black
- Sweet Titling No. 22 Regular
- Futura PT Medium
- FOT- ロダン ProN DB

■ 使用色彩

- C 0 M 8 Y 2 K 0
- C 0 M 95 Y 65 K 0
- C 100 M 100 Y 32 K 0
- C 0 M 0 Y 0 K 100

■ 练习18 解析

第3课 活动

复习与总结

运用对比强烈的三色配色和拼贴手法，打造有趣的布局。通过精心选择色彩和字体，来呈现欢快又不失稳重的氛围。

确认点

- ☐ 确认作品构图是否抓住了要点
- ☐ 尝试变换色彩和图片重新排版
- ☐ 如有不擅长的部分，建议多加复习

配色 三色配色+其他配色元素

把艺术字体作为插图使用 **文字**

藏蓝色×婴儿粉×红色的色彩组合，打造富有层次感的三色配色。

在图片中加入醒目的黑色，使全彩图片更添稳重。

选用设计感较强的字体，营造华丽的氛围。

构成 运用拼贴手法呈现欢乐氛围

将标题周围处理得清清爽爽，使拼贴的视觉效果更佳。

将一对深色系要素摆放于设计的对角线上，使作品重心稳定，更具平衡感。

在边缘处加入细细的深色线条，使设计整体更显统一、紧凑。

设计建议 +1

[三色配色]

推荐以下令人有愉悦感的三色配色方案，请根据喜好使用

| 时尚的潮流色

	色1	色2	色3
C	0	0	100
M	76	0	41
Y	25	0	80
K	0	0	0

| 清爽的休闲色

	色1	色2	色3
C	64	2	23
M	0	0	0
Y	18	20	88
K	0	0	0

| 亲切的怀旧色

	色1	色2	色3
C	0	2	86
M	95	8	56
Y	60	12	0
K	15	0	15

专栏 No.3

摆脱新手感的设计

字间距、行间距

字间距、行间距的调整，好像只是细枝末节，其实非常重要。没有一个专业的设计师，能仅凭“默认设置”创作出优秀的作品。新手设计师的作品与达人设计师的作品之间最大的区别就在于，能否将细节做到极致。

修改前

修改后

新手 易踩雷点

- 手写字体字间距不统一，画面杂乱。
- 数字、符号前后出现不自然的空格。
- 行间距过密，信息读取困难。

达人 设计要点

- 通过粗体字调整字间距，使信息清晰易读。
- 统一字间距，使画面更加和谐。
- 适度调整字间距、行间距，使画面更清爽。

第 4 课

时尚

练习 19 → 25

第4课 时尚

练习

19

[设计描摹]

珠宝品牌海报

文字信息有效的呈现方式会因内容不同而多种多样，这次让我们来学习诉诸情感的表达方式吧。

预计用时 45分钟

■描摹以下设计作品，学习能让人心生向往的文字排版。

？该例是如何处理广告词的？

■ 基本信息

- 尺寸

A4 横（297mm×210mm）

- 构成要素

- LOGO
- 广告词
- 图片

■ 使用素材

Twinkle
jewelry

■ 使用字体

- A-OTF リュウミン Pr6N L-KL

■ 使用色彩

C 0
M 0
Y 0
K 100

■ 练习19 解析

描摹要点

让句子“动起来”

让句子“动起来”，可以表现更为细腻的情感。用柔和的线条将文字连接起来，使用户感受到情感的流动，呈现抒情的氛围。

确认点

- ☐ 征求旁观者的意见，确认对设计的印象
- ☐ 尝试将曲线更换成直线，确认效果
- ☐ 更换句子，练习用曲线、连接线等方式修饰句子

用抒情的手法传达信息

［曲线］×［连接线］

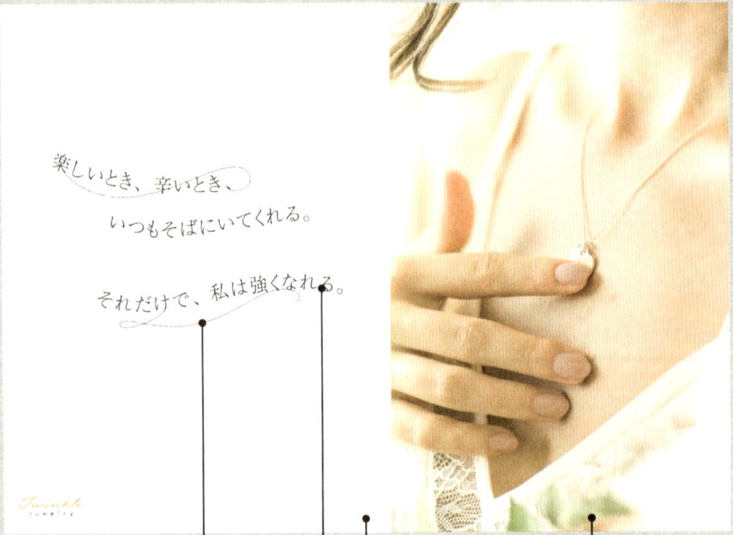

细节确认

注意曲线要柔和，如果起伏过大，容易显得过于时尚、欢乐、富有个性。

将文字区域与图片区域明确地区分开来，使设计看起来像故事的扉页。

TRY! ■尝试其他不同设计载体的排版。

[A]横幅广告 ※尺寸：336px×280px
※色彩模式：RGB

[B]DM广告 ※尺寸：150mm×100mm

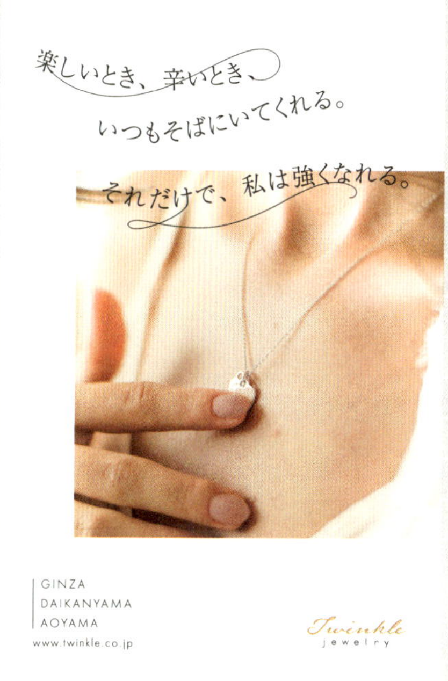

这一广告作品的信息与图片需要成对呈现，因为想要将作品意图表达清楚，二者缺一不可。由于载体体量小，为实现以上目标，需要将关键的文字信息浓缩成一句话。

这一布局有意引导用户在读完句子后，自然而然地把视线落到项链上。

第4课 时尚

练习

20

[设计描摹]

服装发布会邀请函

比起明快、确定的事物，人往往会被那些暧昧、不确定的事物吸引，产生憧憬和向往。本小节学习的是，营造暧昧氛围的表现手法。

预计用时 45分钟

■描摹以下设计作品，学习搭配令人向往的色彩。

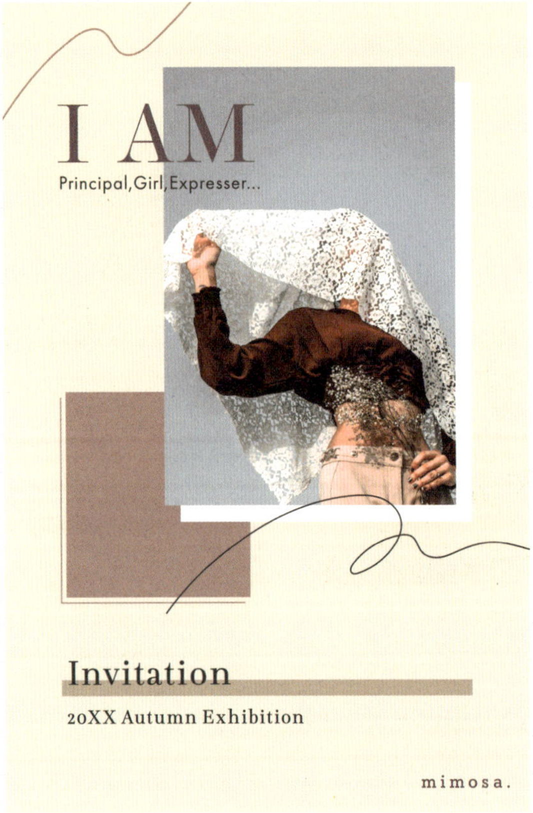

使用了什么色彩来打造暧昧的氛围？

■ 基本信息

- 尺寸

明信片 竖版（100mm×150mm）

- 构成要素

- 标题
- LOGO
- 季节主题
- 图片

■ 使用素材

mimosa.

■ 使用字体

- Modern MT Pro Display
- Lavigne Display Regular
- Futura PT Book

■ 使用色彩

	C	M	Y	K
1	4	6	8	0
2	18	25	25	0
3	52	65	45	0
4	0	0	0	0
5	25	40	28	0
6	75	80	75	0

■ 练习20 解析

设计要点

莫兰迪配色

所谓莫兰迪配色，是由几种色彩混合而成的暧昧色彩。一般指“茶粉”“雾霾蓝”等，仿佛蒙了一层灰的中间色。这种绝妙的配色，非常适用于想要表现氛围感的设计。

确认点

- ☐ 更换成高饱和的艳丽色彩，确认效果
- ☐ 尝试其他莫兰迪配色
- ☐ 在身边的杂志或广告中寻找莫兰迪配色的案例

呈现暧昧氛围的莫兰迪配色

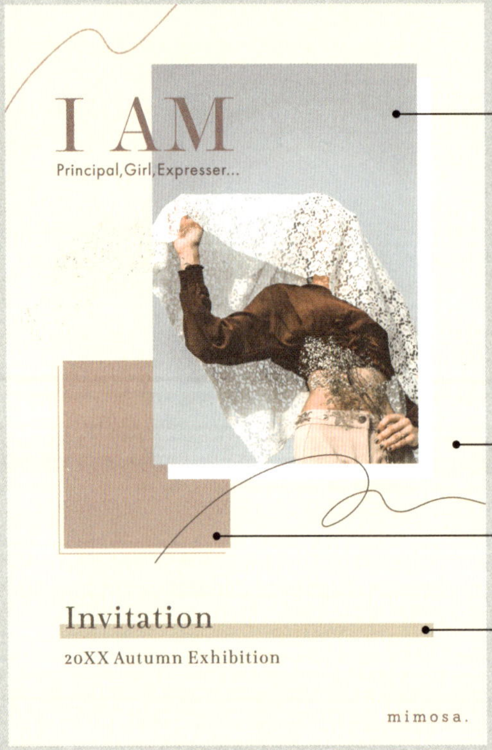

细节确认

降低图片饱和度，使其与莫兰迪配色更加匹配。

营造充满迷人氛围感的秘诀是：在设计中采用类似米白、茶灰、茶粉等色相相近的色彩，并将它们进行多种组合运用。

TRY! ■尝试其他不同设计载体的排版。

[A]横幅广告 ※尺寸：336px×280px
※色彩模式：RGB

[B] 店铺卡片 ※尺寸：55mm×91mm

将抽象的设计落实到横幅广告上时，要清晰地传达“这是什么广告”。在以上布局中，清晰地展示了活动标题和品牌名称。

为营造氛围感，背景与文字专门选用了相近的配色。由于辨识度较低，所以不太适合用于广告宣传物料，但作为一种设计表现手法还是很好的。

第4课 时尚

练习

21

[设计描摹]

服装品牌杂志广告

接下来，让我们学习“不确定性”以及“模糊性”的表现方法。这次要在照片的呈现方式上花些心思。

预计用时 40分钟

■描摹以下设计作品，学习如何设计出令人心生向往的图片。

该例是如何呈现图片的？

基本信息

- 尺寸

A4 竖版（210mm×297mm）

- 构成要素

- 图片
- LOGO
- 文字
- 店铺列表
- 网址

使用素材

Diverse clothes

使用字体

- ITC Avant Garde Gothic Pro Book
- Trade Gothic Next LT Pro Bold Condensed

使用色彩

C	9
M	25
Y	30
K	0

C	0
M	0
Y	0
K	100

■ 练习21 解析

设计要点

大胆遮挡

在图片上叠加要素，或者采用像是从窗户往里窥探那样的呈现方式，营造出局部遮挡、不示全貌的状态，给用户一种“不确定，很好奇”的感觉。

确认点

- ☐ 确认与展示全幅图片时的区别
- ☐ 更换图片，尝试新的布局
- ☐ 运用文字以外的要素来遮挡图片

将文字叠加在图片上，大胆尝试遮挡的布局

细节确认

主色调选用和图片同色系的米色，模糊背景与图片间的界限。

关键在于大胆地叠加要素。如果不能将这一原则贯彻到底，就容易出现问题，需要注意。

TRY! ■尝试其他不同设计载体的排版。

[A]横幅广告 ※尺寸：336px×280px
※色彩模式：RGB

一般来说，新品牌刚刚上市时，知名度普遍较低。此时，比起在新品牌的名字上做文章，关键是把“Debut”（新品上市）字样做放大处理，传达出“新品牌即将上市”这一信息。

[B] DM广告 ※尺寸：150mm×100mm

遮挡布局还有另一种表现方法：把文字做镂空处理，营造“从缝隙看图片”的效果。这种布局，图片被遮挡的面积更大，更具有神秘感。

第4课 时尚

练习

22

[设计描摹]

化妆品传单

想要打造一则让消费者心仪的广告，表现撼动人心的戏剧感也是一种有效的方法。

预计用时 30 分钟

■描摹以下设计作品，学习制作令人心仪的图片效果。

?

如何处理图片才能呈现出设计的戏剧性？

■ 基本信息

- 尺寸

A5 竖版（148mm×210mm）

- 构成要素

・商品名
・详细信息
・广告词
・图片
・LOGO

■ 使用素材

ROSE
-beauté-

■ 使用字体

・Adobe Handwriting Ernie

・A-OTF 中ゴシック BBB Pr6N Med

・游明朝体 Pr6N R

■ 使用色彩

C 0
M 80
Y 25
K 0

C 0
M 0
Y 0
K 0

■ 练习22 解析

！设计要点

单色+强调色

将图片处理成黑白色调，可赋予图片“非日常感”“非现实感”。在此基础上，只给想要突出的主题元素添加色彩的话，一下子就能营造出极具戏剧性的印象。

确认点

- ☐ 确认不使用强调色的效果
- ☐ 更换强调色，确认效果差异
- ☐ 用其他图片练习“单色+强调色”

为营造戏剧感
运用了单色图片 +[艳粉色]

细节确认

适度使用强调色：仅用于想要强调的部分，才更有效果。

选用饱和度高的艳丽色彩，与单色图片更相映衬。

详细信息以独立板块呈现，避免遮挡主图画面。

TRY! ■尝试其他不同设计载体的排版。

[A]横幅广告 ※尺寸：336px×280px
※色彩模式：RGB

与传单不同，横幅广告不适合将图片作无限放大处理，而是需要将广告词清晰、明了地呈现出来，使用户一眼捕捉到商品的魅力。

[B] 店铺POP广告 ※尺寸：115mm×105mm

商品区陈列着众多的同类型商品。店铺POP广告承担的首要作用就是使消费者意识到商品的存在。作品使用艳粉色作为吸睛点，突出强调引人注目的数字信息。

第4课 时尚

练习

23

[创作练习]

珠宝品牌店铺卡片

灵活运用本课知识点，挑战店铺卡片的配色吧。

预计用时 20分钟

■ [需要使用Illustrator] 参考（A）、（B）的资料，为店铺卡片配色。

※色彩最多可以使用2种　※不可以追加要素

文件路径：DesignDrill2 > LESSON4 > 23

Hint!

思考这是一个怎样的品牌！

（A）商品印象

（B）品牌信息

- 高端珠宝品牌
- 目标客户主要为 30+ 女性

参考答案在 P.100 ▶

第4课 时尚

练习
24

[创作练习]
新娘美容宣传册封面

本小节为进阶级的创作练习。让我们试着运用各种排版技巧，如图片的摆放方式、文字的添加方式等知识点来进行创作吧。

预计用时 45分钟

■结合以下4个要素，创作宣传册封面。

※字体最多可以选用两种，色彩最多可以使用三种　※可以追加使用插画和装饰元素

[要素1]　图片

[要素2]　LOGO

LOTUS
Beauty Salon

Hint!
考虑用户的心理！

[要素3]　标题

For Bride

[要素3]　小标题

ブライダルエステプラン

文件路径：DesignDrill2 > LESSON4 > 24

尺寸
B5竖版（182mm×257mm）

参考答案在P.101 ▶

■ 练习23 参考答案

! 创作要点

莫兰迪色×高级感

将难以言喻的莫兰迪色与高级感满满的深色系搭配使用，营造出“有朝一日定要纳入囊中的心仪品牌”的印象。

A案 莫兰迪色的同色系搭配

■ 使用色彩

C 10 M 10 Y 3 K 0

C 80 M 90 Y 65 K 0

所谓同色系，指的是同一种色调的不同亮度色彩的组合。该例使用紫色系进行配色，营造出高雅的效果。

B案 运用绝妙的深色系呈现独特气质

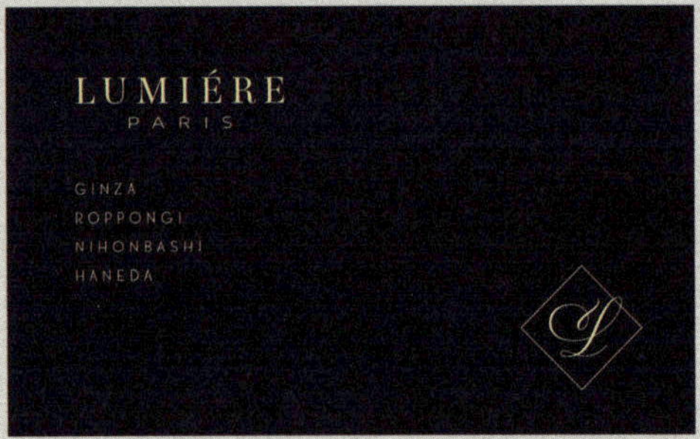

■ 使用色彩

C 78 M 83 Y 25 K 65

C 8 M 12 Y 30 K 0

为深色系色彩增添变化，使其展现出细微的差别，这也是很不错的做法哦。带紫色调的海军蓝会让人感受到独一无二的特别感。

确认点

- ☐ 确认作品是否运用了莫兰迪配色
- ☐ 确认色彩的选用是否有意识地呈现了高级感

■ 练习24 参考答案

创作要点

打造故事感

说到心仪，每个人心中自有不同的答案。在创作时，首先要思考用户会抱着怎样的心理，怀着怎样的憧憬。那么，把心中的故事通过设计表达出来吧。

确认点

- ☐ 图片的表现方式是否采取了使人心仪的技巧
- ☐ 能否说明选用色彩、字体的理由
- ☐ 设计整体是否达成了平衡感

A案 运用不示全貌的图片，引导消费者产生代入感。

■ 使用字体

- Texas Hero Regular
- 凸版文久明朝 Pr6N R

■ 使用色彩

- C 13 M 5 Y 2 K 0
- C 0 M 43 Y 35 K 0
- C 0 M 0 Y 0 K 80

通过遮挡模特的面部，来削弱其对个体的印象，使用户更容易联想到“自己理想的样子”。用柔和的淡色系来修饰，营造梦幻的印象。

B案 使用小窗，引导消费者产生一探究竟的想法。

■ 使用字体

- SloopScriptPro Regular
- VDL V7ゴシック M

■ 使用色彩

- C 38 M 40 Y 75 K 0
- C 38 M 40 Y 75 K 0
- C 38 M 40 Y 75 K 0

这一作品看起来仿佛是故事的开始，令人怦然心动。标题选用华丽、富有动感的手写罗马体，图片作缩小处理，平衡感绝佳。

第4课 时尚

练习
25

[设计临摹]
护肤品传单

本节是第4课的总结章节。一边回顾本课的要点，一边来临摹心仪的设计吧。

预计用时 60 分钟

■临摹以下设计作品。

?
布局要点是什么？

临摹前准备

文件路径：DesignDrill2 > LESSON4 > 25

■ 基本信息

- 尺寸

A5 竖版（148mm×210mm）

- 构成要素

- LOGO
- 广告词
- 系列名
- 商品名
- 文字
- 图片
- 插画

■ 使用素材

B&F
beauty

■ 使用字体

- A-OTF リュウミン Pr6N L-KL
- Braisetto Regular
- Lavigne Display Regular
- DNP 秀英角ゴシック銀 Std L

■ 使用色彩

C 3 M 16 Y 9 K 0		C 0 M 0 Y 0 K 100
C 5 M 13 Y 15 K 0		

■ 练习25 解析

第4课时尚

复习与总结

这一设计在布局上有很多用心之处，让看到主图与广告词的用户产生“好妙的理念啊”“我也想做成这样”的憧憬。

确认点

- ☐ 确认设计布局是否抓住了要点
- ☐ 变更为化妆品以外的内容，尝试重新布局
- ☐ 如有不擅长的部分，建议多加复习

文字 用曲线表现情绪

梦幻的莫兰迪色 **配色**

运用色相相近的浅米、茶粉来营造梦幻感。

以和缓的曲线来修饰打动人心的广告词。

微微降低图片的饱和度，统一整体色调。

为了使动感的广告词更引人注目，其他文字要素要做低调处理，排列整齐即可。

图片 重叠色块，表现暧昧氛围。

大量留白，呈现从容印象。 **构成**

并非用色块遮挡模特，而是用透明色块重叠在模特的面部，呈现商品的关键词“透明感”。

留白多的布局，给人以考究、从容的印象。

使用主题四周有大量留白的图片，效果佳。

设计建议 +1

［莫兰迪配色］

以下推荐几组时尚感较强的莫兰迪配色。

以蓝灰色为主

C	32	13	0
M	15	21	0
Y	12	11	8
K	0	0	11

以淡紫色为主

C	28	10	20
M	30	20	27
Y	12	5	27
K	0	0	0

以黄绿色为主

C	19	5	10
M	9	10	28
Y	25	10	19
K	0	0	0

专栏 No.4

摆脱新手感的设计

留白

当作品中出现空白时，新手设计师往往会“想方设法去填满”，然后开始放大要素或增加要素。然而事实上，留白并不是无用的空间，而是一种重要的要素，发挥着关键的作用。只有学会巧妙利用留白，才能创作出专业的设计作品。

修改前

修改后

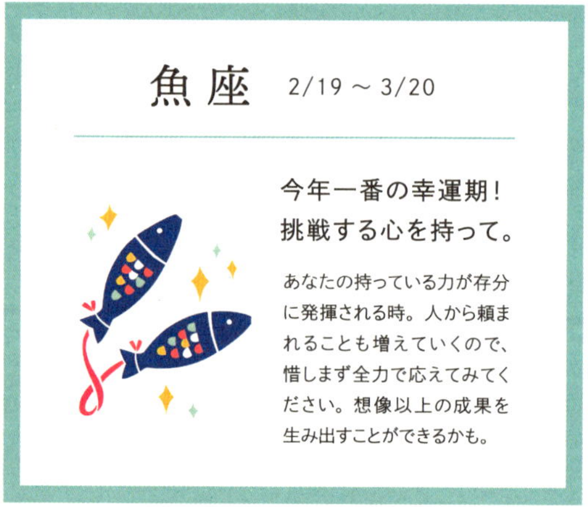

新手
易踩雷点

- 装饰过度，重要信息不醒目。
- 要素之间距离太近，分类不明。
- 整体设计显得拘束、土气。

达人
设计要点

- 布局清爽，文字清晰易读。
- 要素之间距离适当，边界分明。
- 采用具有通透感的布局，营造出精致高雅的印象。

第 5 课

生活

练习 26 — 30

第5课 生活

练习

26

[设计描摹]

生活杂志封面

说起时髦的设计，往往容易联想到新颖、奇特的配色。其实，运用朴实、低调的配色，也能创作出富有魅力的设计。

预计用时 40分钟

■描摹以下设计作品，学习朴实的配色方法。

?

使用什么色彩营造淳朴自然的印象？

■ 基本信息

- 尺寸

A4 竖版（210mm×297mm）

- 构成要素

- 标题
- 期数
- 特辑索引
- 文字
- 图片

■ 使用素材

■ 使用字体

- Bookeyed Nelson Regular
- 平成角ゴシック Std W5
- Brandon Grotesque Bold

■ 使用色彩

C	M	Y	K
3	5	14	0
59	70	89	0
90	70	70	0
14	22	33	0
70	40	60	0
0	0	0	0

■ 练习26 解析

! 描摹要点

☺ 大地色

所谓大地色，指的是大地、植物等象征着自然的色彩，主要以棕色系、绿色系为核心。大地色自带一种踏实感，给人一种平易近人的印象。

确认点

- □ 确认与五彩缤纷的配色之间的效果差异
- □ 尝试其他的大地色配色
- □ 在身边的杂志、广告中寻找大地色配色

朴实、低调的大地色配色

细节确认

为营造低调、稳重的氛围，需要注意相邻色要选用对比不太强烈的配色。

高饱和度图片容易显得浮夸，因此需要进行色彩调整。

本来用黑色呈现的文字要素，也改用墨绿色呈现，使整体效果更为统一。

TRY! ■尝试其他不同设计载体的排版。

[A]横幅广告 ※尺寸：336px×280px
※色彩模式：RGB

大地色具有低调气质的同时，也有表现力不足的弱点。想要用大地色来创作引人注目的横幅广告，留白是关键。在想要突出强调的要素周围做留白处理，可以吸引用户的视线。

[B] 电车的悬挂广告 ※尺寸：515mm×364mm

悬挂广告的布局，需要达到远远望去也一目了然的效果。为保持设计整体的沉稳印象，配色和装饰元素不做改动，仅把图片进行放大，作为设计的吸睛点。

第5课 生活

练习

27

[设计描摹]

户外活动海报

朴实的设计给人的印象是“不勉强、不逞强，最为自然的状态”，容易被各个年龄段的大众所接受，因此很适合用于诸如街头活动这类贴近生活内容的广告物料。

预计用时 45分钟

■描摹以下设计作品，学习朴实的文字排版方法。

?

在什么地方使用了什么字体?

■ 基本信息

- 尺寸

A4 竖版（210mm×297mm）

- 构成要素

- 标题
- 地点
- 时间
- 文字
- 插画

■ 使用素材

■ 使用字体

- こども丸ゴシック Regular F
- DNP 秀英丸ゴシック Std L
- DNP 秀英丸ゴシック Std B

■ 使用色彩

	C	M	Y	K
白	0	0	0	0
红	0	66	44	0
黑	0	0	0	88
蓝	45	10	5	0
黄	0	25	67	0

■ 练习27 解析

描摹要点

用手写体呈现主要文字

将标题等主要的文字要素设置为手写字体，这样可以营造出亲切的印象。把风格较为随意的字体作为主要字体是需要勇气的，不过要是选择中粗到粗体的字体的话，其存在感也会很强。

确认点

- ☐ 确认是否有不易识别的信息
- ☐ 整体都改为手写字体，确认效果
- ☐ 寻找适用于主要文字要素的手写字体

使用亲切的手写字体
呈现标题 LOGO 与小标题

细节确认

如果整体都使用手写字体，会使作品显得过于厚重。适当加入基础字体，可使布局更显均衡。

想要摆脱孩子气，需要充分利用留白技巧，使设计更加清爽、流畅。

长句和小字要清晰、易读，因此不适合用手写字体来呈现。

TRY! ■尝试其他不同设计载体的排版。

[A]横幅广告 ※尺寸：336px×280px
※色彩模式：RGB

这是一家公园用来招募摊主和演员的横幅广告。在这则广告里最重要的不是表现亲切感，而是招聘信息。要重视招聘文字的易读性，使用基础字体来呈现“招募摊主与演员！”字样，清晰地传达了广告的意图。

[B]员工卡 ※尺寸：91mm×55mm

工作人员在活动中需要随身佩戴的员工卡，其亲切感和识别度都需得到体现。作品不仅使用手写字体来呈现主要文字要素“Staff”（职员），还有意识地斟酌了字体的色彩、大小，使其看起来清晰、易读。

第5课 生活

练习

28

[设计描摹]

针织活动海报

在设计的构成要素中，最容易给人留下深刻印象的就是图片。图片给人留下的印象，取决于它的表现方式。

预计用时 40分钟

■描摹以下设计作品，学习排布具有质朴感的图片。

?

图片是如何摆放的？

基本信息

- 尺寸

A4 竖版（210mm×297mm）

- 构成要素

・标题
・广告词
・详细信息
・文字
・时间、地点
・网址
・电话号码
・图片

使用素材

使用字体

・VDL メガ丸 R
・Noto Sans CJK JP DemiLight
・TB ちび丸ゴシック PlusK Pro R

使用色彩

C 27 M 40 Y 32 K 0	C 65 M 85 Y 90 K 0
C 0 M 0 Y 0 K 0	

■ 练习28 解析

描摹要点

曲线抠图

用类似徒手画的那种随意的曲线来裁剪照片，能够营造出一种柔和且带有温暖感觉的印象。那种有着平缓曲线的变形椭圆很值得推荐，也比较容易与成熟稳重的设计相搭配。

确认点

- ☐ 设计是否呈现了温柔印象，征求旁观者的意见
- ☐ 尝试使用四方形边框，确认效果差异
- ☐ 更换图片进行裁剪处理，观察效果

用异形椭圆的裁剪方式营造温柔的氛围

细节确认

将文字也按照照片裁剪的路径曲线进行排列布局，营造出柔和的视觉形象

降低图片的对比度，产生的松软印象与设计风格相匹配。

在图片的任意一角，以直线的形式呈现文字，使作品更加紧凑。

TRY! ■尝试其他不同设计载体的排版。

[A]横幅广告 ※尺寸：336px×280px
※色彩模式：RGB

当载体空间有限，或设计主题不适合裁剪时，加入曲线边框也是有效的技巧。这种温柔的效果，成就了一个令人印象深刻的横幅广告。

[B] DM广告 ※尺寸：150mm×100mm

这是一种将变形椭圆重叠起来，并作为文字信息空间来使用的排版布局方式。通过采用与照片裁剪形状相似的样式融入设计当中，整体的统一感就会呈现出来，也更容易实现平衡的效果。

第5课 生活

练习

29

[设计描摹]

日杂店 DM 广告

简洁的布局一旦操作不当，很容易显得单调、无趣。其实，无须华丽的装饰，也能打造充满魅力的布局。

预计用时 40 分钟

■描摹以下设计作品，学习简洁的布局方法。

该例布局简单却不单调，原因是什么？

■ 基本信息

- 尺寸

明信片 横版（150mm×100mm）

- 构成要素

- LOGO
- 广告词
- 小标题
- 文字
- 图片
- 店铺列表

■ 使用素材

KIRIKA

■ 使用字体

- FOT- セザンヌ ProN M
- Bicyclette Light
- Bicyclette Regular

■ 使用色彩

C 17
M 5
Y 15
K 0

C 0
M 0
Y 0
K 100

■ 练习29 解析

描摹要点

小巧配置×打破规则

将所有要素缩小，设计会更显高端，更具时尚感。设计整体要遵循基本的对齐原则，在此基础上，局部进行错落排布，可以使设计不至于单调、无趣。

确认点

- □ 放大各要素，对比效果
- □ 确认对齐与错落是否被有意识地区分开了
- □ 如果没有错落布局，效果如何

创作简约、时尚的设计
避免各要素琐碎零散 × 排版布局错落有变化

细节确认

缩小要素，为留白创造空间，使设计整体更轻盈。

图片及其说明，遵循了靠右对齐的基本规则；两张图片的错落摆放，是大胆打破规则的表现，为设计增添了动感。

TRY! ■尝试其他不同设计载体的排版。

[A]横幅广告 ※尺寸：336px×280px
※色彩模式：RGB

缩小要素，为留白留出超乎想象的充分空间。排列句子时刻意跨越不同背景；将马克杯错位摆放……这些错落排版的技巧都可以使设计更具韵律感。

[B]店铺卡片 ※尺寸：55mm×91mm

将靠左对齐和靠右对齐的板块错落摆放，如此简单的技巧，就可以构成雅致、大方的布局。

第5课 生活

练习

30

[设计临摹]

烹饪教室传单

本节是第5课的总结章节。一边回顾要点，一边来呈现朴实的设计吧。

预计用时 45分钟

■描摹以下设计作品。

哪些地方体现了布局要点？

临摹前准备

文件路径：DesignDrill2 > LESSON5 > 30

■ 基本信息

- 尺寸

A5 竖版（148mm×210mm）

- 构成要素

- 标题
- LOGO
- 地点、电话号码
- 网址
- 文字
- 图片
- 插画

■ 使用素材

■ 使用字体

- しろくまフォント Regular Ⓕ
- Arvo Regular
- DNP 秀英角ゴシック金 Std M

■ 使用色彩

	淡黄	棕	绿	白	橙	黑
C	4	33	50	0	10	0
M	8	50	25	0	45	0
Y	18	53	55	0	73	0
K	0	0	0	0	0	100

■ 练习30 解析

第5课 生活

复习与总结

设计所呈现的氛围，与刚刚出炉的面包蓬松、柔软的印象十分相符，其目的是给用户以亲切感。设计的配色、布局等，使作品整体呈现出沉稳、安定的氛围。

确认点

- [ ] 确认设计布局是否抓住了要点
- [ ] 更换题材，尝试布局
- [ ] 如有不擅长的部分，建议多加复习

配色 统一使用温馨的米色系

以手写字体为主 **文字**

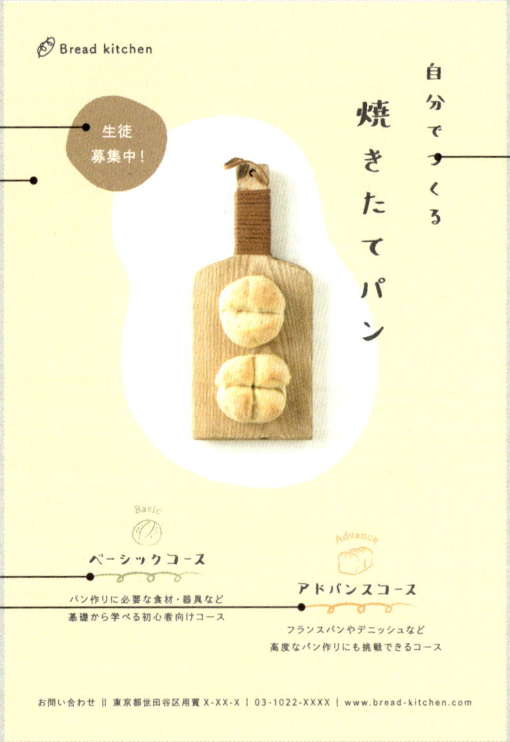

使用与图片相符，浓淡相宜的米色系来统一色调，呈现安定的氛围。

扩大字间距、行间距，使设计更具朴素感。

使用大地色作为强调色，不刺眼、不突兀。

图片 柔和的椭圆形

利用装饰元素营造出高雅的感觉 构成

把想要强调的要素做标识化处理，无须放大即可提升其醒目度。

主题图片是直线形，通过曲线抠图来缓和其尖锐的印象。

零碎的装饰元素容易显得杂乱无章。如果将属于同一组的要素相互靠近，有意识地形成一个个群组或板块的话，情况就会有所不同。

设计建议 +1

[惹人喜爱的手写字体！]

下面介绍未在前文提及的，十分易于上手的温馨系手写字体。

日文字体

- あんずもじ Regular F
- うずらフォント Regular F
- KFひま字 Regular F

英文字体

- Providence Pro Regular
- Chantal Medium

图书在版编目（C I P）数据

版式设计手册．进阶篇 / 日本动力设计著 ；李子译．沈阳 ：辽宁科学技术出版社，2025. 4. -- ISBN 978-7-5591-4027-2

Ⅰ． TS881-62

中国国家版本馆 CIP 数据核字第 2024EC9036 号

出版发行：辽宁科学技术出版社
（地址：沈阳市和平区十一纬路 25 号　邮编：110003）
印 刷 者：河南瑞之光印刷股份有限公司
经 销 者：各地新华书店
幅面尺寸：210mm×146mm
印　　张：4
字　　数：150 千字
出版时间：2025 年 4 月第 1 版
印刷时间：2025 年 4 月第 1 次印刷
责任编辑：王丽颖
封面设计：吴　飞
版式设计：吴　飞
责任校对：马　航

书　　号：ISBN 978-7-5591-4027-2
定　　价：79.80 元
联系电话：024-23284360
邮购热线：024-23284502
E-mail：wly45@126.com